# 教養，從讀懂孩子的心開始

子どもゴコロの心理学

## 爸媽必修課，了解嬰幼兒行為背後的意義

ゆうき ゆう
（Yuuki Yuu）◎著
張萍◎譯

# 前言

大家好，我是結城精神科診所的所長，精神科醫師結城有（Yuuki Yuu）。非常謝謝大家拿起《教養，從讀懂孩子的心開始》這本書。

之所以會對這本書感興趣，代表你現在或許正為如何與孩子相處而煩惱。大人相處的時候，即便話不投機還是能互相溝通，這是因為彼此擁有共通的社會常識，但對於兒童來說，這一招就行不通了。

在大人看來，孩子做出很多奇怪的行為，而且無法說出為何那麼做的原因。但是在兒童行為中，具有屬於兒童的特殊原因，不論是哭泣、生氣還是惡作劇，在所有兒童行為的背後，都藏有某些心理因素。

這本書就是為了探討兒童行為因素，是為了讓大人能夠了解兒童心理所寫。

那麼，在進入正題前，我想問大家是否知道這本書的重點「心理學」是什麼？心理學這門學問，是利用科學闡述人類行為或思想中，所隱藏的心理運作情形。或許有人會有疑問：「學問可以解密人心嗎？」

在此，為了解開各位心中的疑惑，在此提出一些心理測驗，實際幫助大家認識兒童內心，以及親子關係。各位身為父母的讀者，若自己的孩子就在身旁，請務必親子試著一起回答。

那麼首先請看第一題。

請在左邊空白處畫一棵樹。

畫好了嗎？

在日本醫院的心智科門診，經常會進行這種心理測驗。這個測驗稱為「Baum Test」（樹木人格心理測驗），依據每個人所畫的樹木，可呈現繪圖者的心理狀態。

那麼接下來，我們就將每個人所繪製樹木的狀況，例如部位、特徵來解說心理狀態吧。

## 樹木的大小

樹木的大小，反映的是自我意識。因此，如果畫的是大樹，顯示繪圖者的自信與自尊心非常高；反之，畫的是小樹，表示繪圖者處於喪失自信，或是在精神上非常萎靡的狀態。我們可以藉此判斷繪圖者是否有這些情形。

## 樹葉的形狀

樹葉的形狀指的是樹冠，若畫中樹冠膨大，表示此人的溝通能力很高、很圓滑。若樹冠是尖銳或平整的，代表此人不擅長與人溝通，覺得與人交往很麻煩。若沒有樹冠，則可以判斷此人在溝通方面處於極度疲乏的狀態。

## 樹幹

樹幹表示精神狀況。樹幹愈是粗大，代表精神煥發；相反的，樹幹愈是細小，精神狀況很差。

## 樹枝

樹枝代表一個人的人際關係模式。畫的若是尖細的樹枝，表示很有可能待人接物有較強的攻擊性，或容易累積壓力、突然爆發。另一方面，若一根樹枝都沒有，而且樹幹隱藏在樹葉中，可以說繪圖者封閉了自己的內心，處於孤獨的狀態。

不知大家與孩子畫的各是怎麼樣的一棵樹呢？

接下來，我們再來看看另一個心理測驗。這回受測對象不是父母，請讓孩子自己試試看。

**請在一個框中畫「父親」，並在另一個框中畫「母親」。**

※注意：請畫全身像，不要只畫臉或身體局部。

這是應用「畫人測驗」的心理測驗，通常是以男女畫像來判讀，從「父親」「母親」畫像可以得知以下的結果。

**順序**

首先請注意孩子動手繪圖的順序。在這個測驗中，一般有90％的男性會先畫男性，有80％的女性會先畫女性。也就是說，兒子會先畫父親，女兒會先畫母親。所以孩子若在此先畫的是異性雙親，可以說孩子對於異性的認知特別強烈。所以，若兒子先開始畫母親，代表可能會有點戀母情節。

**大小**

情況會因各家庭而有所不同，一般而言，父親的身高大多會比母親高，所以，在這種情況下，若孩子反而將母親畫得比較大，或許可能是因為孩子認為「母親比父親強大」。對父親來說，會覺得孩子表現這樣的心態還挺複雜。

**胸部**

這個分析同樣是針對男孩與女孩所畫的「母親畫像」，若孩子把胸部畫得又大又明顯，可以想成其對母親的嚮往愈強。若是男孩，表示有點愛撒嬌；若是女孩，表示受到母親強烈的影響。

這個心理測驗還可以就其他部分做一些觀察，像是畫像的臉部看起來特別小等等，可以藉由圖畫了解其他方面的想法，但若要詳細說明恐怕篇幅會太長，所以暫時到此為止。

做過心理測驗，大家覺得怎麼樣呢？是否藉由這兩種心理測驗，看到之前從未發現過的兒童心理或是親子關係呢？

就像這樣，心理學有助於更深入了解自己和別人，藉由心理學的應用，也能更加有效地調適孩子的心理。

舉一個責備孩子的方式為例，若父母只是不由分說地生氣，這樣無法把真正的想法傳達給孩子，而且恐怕只會在孩子心中埋下恐懼的種子。為了讓孩子認識道理，父母要學習正確責備孩子的方式，以及讚美的方式，教養結果大不同。

心理學家埃爾斯沃思（Ellsworth）*說，責備他人時，若直視對方的眼睛，將會產生反效果。若是在生氣罵人的時候，一直盯著孩子的眼睛看，孩子會感覺很差，心中會難以對父母所說的話產生回應。

因此，責備時，目的在於提醒、警告對方「你為什麼會想要那個東西」這種程度，而非直盯著對方的眼睛追問不休。相反地，稱讚則是要確實看著對方的眼睛。

若是像這樣，事先具備一些心理學的認識，育兒將會更為輕鬆，並減少許多在育兒上的煩惱。

本書會介紹許多育兒相關的心理學具體觀念以及重點，請各位不妨輕鬆閱讀。

*註：埃爾斯沃思，全名愛德華、埃爾斯沃思、瓊斯（Edward Ellsworth Jones；一九二七—一九九三年），美國實驗社會心理學家。

# 目錄

## 第2部 輕鬆育兒的心理學

## 第3部 兒童心理小常識

# 本書閱讀方式

本書分成三部，重點在第一部與第二部，以Q＆A的方式回答孩子身邊常見的狀況，以及相關的育兒問題！

## 父母的疑問

孩子常見的疑難與問題

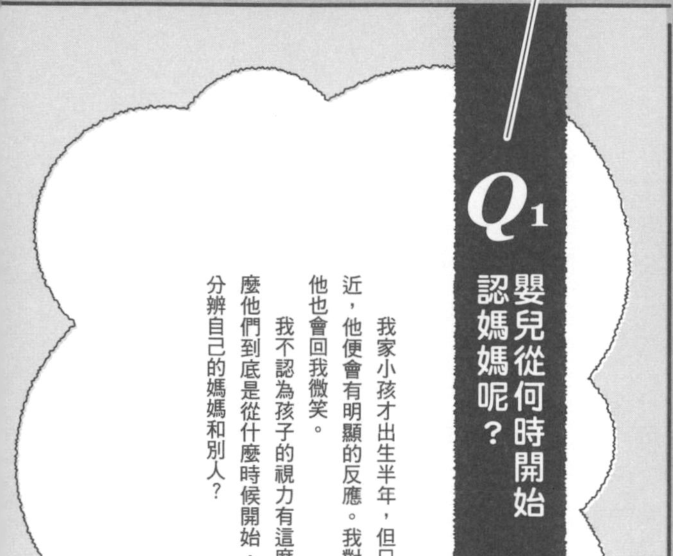
Q1
嬰兒從何時開始認媽媽呢？
我家小孩才出生半年，但只要我靠近，他便會有明顯的反應。我對他笑，他也會回我微笑。
我不認為孩子的視力有這麼好，那麼他們到底是從什麼時候開始，有能力分辨自己的媽媽和別人？
22

## 經驗談

以過來人的經驗談，以具體事例回答父母的疑問（Q）

## 兒童畫像

畫像代表
會出現這種問題的孩子年齡與性別

嬰幼兒

幼稚園學童

小學生

## 兒童心理

針對父母的疑問（Q），
理解孩子在想些什麼

次頁繼續以心理學的方式詳細解說

## 漫畫呈現

以簡單易懂的方式
說明兒童心理（A）

## 兒童身體與心理的

# 成長曆

11個月　9個月　7個月　5個月　3個月　1個月　0歲

### 身體的成長

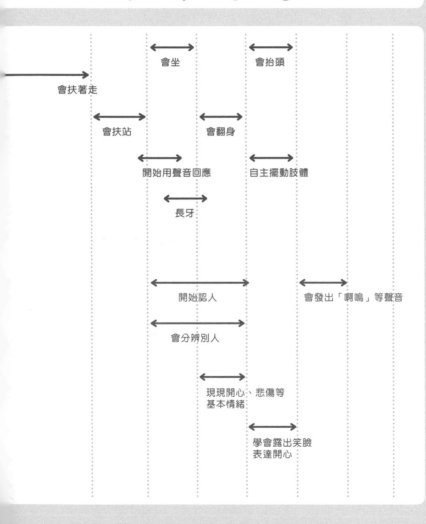

會坐

會抬頭

會扶著走

會扶站

會翻身

開始用聲音回應

自主擺動肢體

長牙

### 心理的成長

開始認人

會發出「啊嗚」等聲音

會分辨別人

現現開心、悲傷等
基本情緒

學會露出笑臉
表達開心

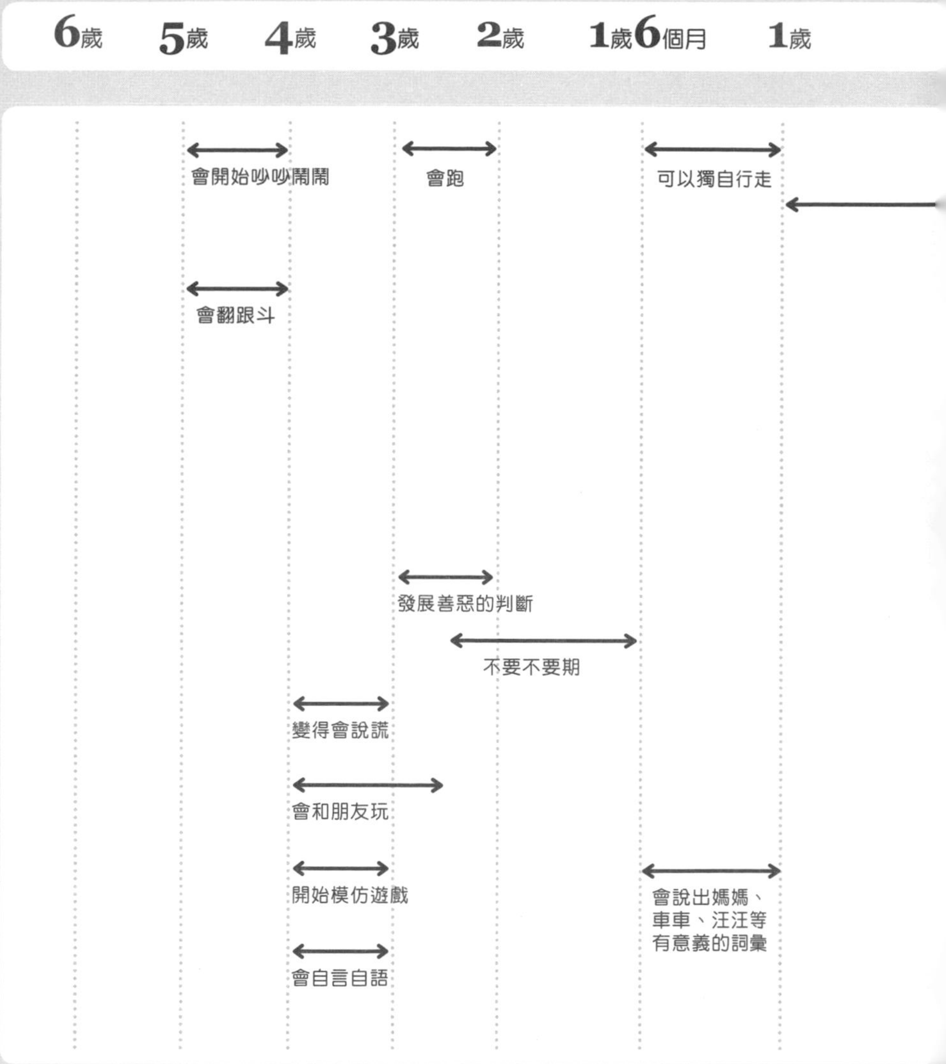


Grow Calendar

# 第 1 部

# 快樂育兒的
# 心理學

# Q1 嬰兒從何時開始認媽媽呢？

我家小孩才出生半年，但只要我靠近，他便會有明顯的反應。我對他笑，他也會回我微笑。

我不認為孩子的視力有這麼好，那麼他們到底是從什麼時候開始，有能力分辨自己的媽媽和別人？

# A 嬰兒從出生起即具有認知能力。

# 嬰兒的眼神雖然看起來有點呆滯，卻可以認出「媽媽」！

雖然有人説剛生下來的嬰兒「眼睛是看不到的」，但其實嬰兒在媽媽肚子裡的時候已經可以分辨明暗，出生以後，眼睛可以看得見，只是嬰兒的大腦尚未發育完成，無法確實處理從眼睛進入大腦中的訊息，所以才會看起來嬰兒似乎都呆呆的。嬰兒的視力程度約在0．02左右，能模糊看到物體的輪廓，卻無法掌握住物體的形狀與空間位置。而且因為嬰兒不太能分辨顏色，看到的會是黑白、模糊的平面世界。

但是，即便在這樣的狀況下，嬰兒在生出後沒多久，仍可以分辨自己的媽媽。從前有一個實驗數據顯示，出生四天的嬰兒可以快速分辨自己媽媽與陌生女性的臉孔，會用比較久的時間看媽媽的臉。對嬰兒來說，媽媽除了可以幫助自己生存，還是與社會連結的重要人物。由於嬰兒與媽媽長時間相處，當然很快就會能夠分辨媽媽的長相。

那麼，嬰兒是怎麼認出媽媽呢？應該有很多媽媽都有過以下的經驗：「我換了髮型，寶寶看到我會哭。」或許有些人會認為：「這麼看來，表示嬰兒還是無法辨認媽媽的臉嘛。」

其實出生後兩個月左右的嬰兒，會用髮型、輪廓等部分資訊來辨認媽媽，若是媽媽戴了帽子或是換了髮型，他們會一下子認不出媽媽。嬰兒的發展必須到能夠掌握臉部「整體」、記憶力增進之後，才能認得換了髮型的媽媽。嬰兒的發展會有不同的差異，一般都是在四個月大以後。而且直到六～八個月左右，嬰兒會變得可以快速辨認媽媽、爸爸或是常見的臉。

嬰兒除了利用視覺，也會充分利用嗅覺、聽覺以及觸覺來與外界溝通。媽媽的聲音、氣味以及與嬰兒的肌膚接觸等，對嬰兒來說都是重要的訊息。

# Q2 為什麼孩子喜歡玩模仿遊戲？

小時候，小男生們經常會玩模仿英雄的遊戲，小女生們則經常玩扮家家酒。

我家的小孩也經常會一邊看電視，一邊模仿喜歡的偶像，又唱又跳。為什麼小孩子會喜歡這樣的模仿遊戲呢？

## A

那是因為他們想要變成自己喜歡的樣子！

## 「模仿遊戲」是孩子在模擬長大以後

要說起小孩子的遊戲，首先可以舉出的就是「模仿遊戲」。孩子會假扮電視或電影中的人物角色，或是扮家家酒遊戲的時候會模仿父母，進行角色扮演的孩子看起來自得其樂。

在模仿遊戲中最受歡迎的，是假扮成英雄或女英雄，或是爸爸或媽媽。在這之中，涉及到了所謂「認同作用」心理。所謂的認同作用，指的是：透過模仿自己所嚮往人物的行為、服裝以及表情等，在心理上與對方一體化，把自己與比自己厲害的人、嚮往的人重疊，可以獲得自信與安全感。反過來說，除了英雄與女英雄，父母對於孩子而言也可以是嚮往的對象。順帶一提，對孩子來說，父母是他們出生後初次認同的對象。除了模仿遊戲，孩子平常會藉由對父母的認同作用，學習價值觀、社會適應、女人味以及男人味。

從孩子的遊戲中，可以看到成長與學習。例如他們想成為誰，就會去記住那個人的行為，然後重現。也就是說，這即是大腦發達的證明。

孩子成長到一歲左右，會將積木當作車輛進行遊戲，或是模仿母親假裝在鏡子前面化妝等。像這樣重複著「將……當作」以及「假裝……」就是在發揮想像力，想像一種實際上不存在的東西。孩子約到了兩歲半~三歲，遊戲時會出現故事情節，像是模仿母親或是幼稚園的生活，訂定主題，扮演角色，進行模仿遊戲。此時，孩子會從一個人玩遊戲，發展到與其他小孩一起玩遊戲。

孩子會從模仿遊戲中學習各種事物，像是語言能力、人際關係、社會規範、溝通能力以及運動能力等。藉由改變角色，可以站在不同人的立場去思考，也可以培養體恤他人的心。孩子的模仿遊戲能夠練習孩子在社會生存所必須的各種能力。

# Q3 獨生子女真的都很任性嗎？

我們經常會聽到有人說「獨生子女都很任性」。

我的孩子是獨生子，至今我還沒決定要為他添個弟妹。他真的會變成一個任性的孩子嗎？我有些擔心……。

## A 沒這回事，有些獨生子女反而比較成熟穩重！

## 孩子個性的養成以環境影響最大

經常會有人說，獨占雙親之愛的獨生子女，容易變得很「任性」。可是孩子的個性千百種，其實每個人都不一樣。

孩子的個性是由天生的「氣質」與後天的「環境」融合而成。比較屬於遺傳因素的「氣質」無法輕易改變，但「環境」卻有各式各樣。除了生活環境，與身邊的人際關係、個人經驗，還有時代與社會氛圍等都會有影響。

例如，兄弟姊妹排行，會關係到孩子個性養成，是一個重大因素。一般說來，像是「老大責任感強、認真、較保守」「老么很精明、愛交際、愛撒嬌」「中間的孩子有協調性、要強、非常獨立」等，是因為孩子出生的順序、父母對待孩子的方式，以及與手足之間的關係，而逐漸形成的。就老大的情況來說，有很多時候孩子會因為「因為你是哥哥」「因為妳是姊姊」這樣的理由而不得不承受，而且為了照顧弟妹，大小孩比小小孩，更容易培養高度責任感與認真的個性。

獨生子女的情況也一樣，事實上孩子會養成什麼樣的個性，都是由於父母的養育方式，其餘像是環境的影響還是很大。若父母寵愛至極，或許會把孩子教養得很任性，但是，若孩子在成長時比較少與同年齡的孩子接觸、總是看著大人們之間的溝通相處，很容易會變得像大人一樣，不太會提出自我主張，比較會察言觀色。還有不少孩子從很小開始就習慣用「真心話與場面話」這樣的成人規則來判斷事物，態度顯得很老成。

另一方面，獨生子因為沒有手足等競爭對手，因此不習慣與他人競爭，也就不太會有「想要強壓過別人」的強烈好勝心。同時，他們對事物不太有執著心，是個會把所有東西都讓給人的老好人，討厭爭執和糾紛，具有和平主義的一面。

像是「因為是獨生子所以……」「因為是老么所以……」這類沒有根據的評論，其實沒什麼意義。做為父母，最重要的首先應該是要尊重孩子獨特的個性。

# Q4 為什麼小男生都會欺負自己喜歡的小女生？

我兒子經常會去招惹某個小女生（大概是他喜歡的人），雖然我經常告誡他「不可以那樣」，但他還是依然故我……。

仔細想想，會去欺負自己喜歡的人，還真是讓人難以理解的行為。明明很有可能會惹人厭，孩子為什麼還要那樣做呢？

A
我不在乎會不會被討厭，
我只希望對方能有反應！
丟
丟
掉落
散落

## 小男生欺負小女生就是喜歡她

戲弄、欺負自己喜歡的小女生，是小男生經常會出現的行為。他們為什麼要故意去惹女生討厭呢？

在心理學中，我們討論人對人的行為，稱為「安撫理論」。例如說到「稱讚」「微笑」這類能讓對方心情變得積極正面的言行，稱為是正向安撫；反過來說，若是「責備」「處罰」等會讓對方變得消極退縮的言行則稱為是負向安撫。

安撫是「心理的養分」。身邊的人對自己的行為反應，會讓自己的存在與價值獲得認可。因此，所有人都會在心底某處冀求著安撫。當然，任何人都想要正向安撫。可是，一旦無法獲得正向的安撫或是欠缺安撫的時候，人們就會變得甚至想要負向安撫。雖然人們會覺得「若是負向安撫，還不如不要」，但對於社會動物的人類來說，沒有獲得安撫反而等於孤獨、無視，以及存在價值不被認可等痛苦。正如同我們常說，「喜歡」的反面不是「討厭」，而是「冷漠」，若自己總是無法獲得別人的關心，沒有得到一點安撫，那將會是最痛苦的。比起冷漠，即使是負面反應也好，我們都希望有人能注意自己的存在。

小男生之所以經常會去招惹自己喜歡的小女生，就與這類心理有關。其實他們是希望自己喜歡的人能喜歡自己，但小孩子並不知道有什麼方法可用，不知道怎樣做才好。結果，為了在對方面前彰顯自我，即使是不受對方喜歡、遭對方討厭的負向安撫，小男生也會做。此外，同樣的理論也可以用來說明叛逆期的孩子，會為了獲得父母的關心而出現不良行為。

另一方面，女孩子不太會出現叛逆行為，這是因為在遺傳上、文化上的男女不同。就女孩子的情況來說，她們對喜歡的男孩不會有太積極的反應，反而比較具有強烈的傾向去躲避喜歡的男孩。

# Q5 為什麼睡覺要抱玩偶才能睡著？

我發現孩子總是會抱著同一隻玩偶睡覺，這還真是讓人覺得非常奇妙。

孩子平常就很喜歡那隻玩偶，也經常玩那隻玩偶，但在不知不覺中，若是沒了那隻玩偶，孩子就無法入睡。這是為什麼呢？

呼呼
A
抱著玩偶會
覺得好有安全感……
大睡

# Q5 為什麼睡覺要抱玩偶才能睡著？

兒童心理學解說

## 對玩偶的依附就是對母親的依戀

除了玩偶，幼兒也喜歡像是毛毯、毛巾或是枕頭一類特定的物品，要是沒有拿著這些東西就會煩躁不安，或者可以說，沒有這些東西就會睡不著，這類情況所在多有。

在以史努比而聞名的漫畫《花生》中登場的奈勒斯，總是拖著一條毛毯，一邊吸著手指。每當他碰到討厭的事情或感到不安的時候，就會拿起毛毯擦自己臉頰，緊抱著毛毯，好讓自己的情緒穩定下來，要是沒了毛毯，他就會感到不安，陷入恐慌。就像奈勒斯的毛毯一樣，我們稱孩子藉由依戀身邊物品而獲得安全感的現象，為「奈勒斯的毛毯」或「安全毯」。有很多孩子的情況，隨著成長就不再需要這些東西，但其中也有些孩子，即便長大成人，也無法捨棄已經髒污不堪的玩偶，或是變得破破爛爛的毯子。

之所以會出現這樣的現象，是因為孩子知道「媽媽與自己是不同的個體」，不得不接受無法和媽媽一直在一起。於是孩子將身邊的毛毯或是玩偶這類物品當成了媽媽的替代品，藉由給予媽媽同樣的愛來獲得安全感。因此，我們無法用相似的玩偶或是毛毯替換掉孩子喜歡的東西。在心理學中，我們稱這樣的現象為「慰藉現象」。

根據日本研究，約有三成日本兒童會出現慰藉現象，歐美則幾乎所有孩子都會出現這種現象。其中的一個原因就是在於文化的不同。日本人習慣陪孩子一起睡覺，相對於此，歐美的孩子從嬰兒時期起就和父母在不同臥室中睡覺，在這種環境下很難擁有母子的一體感。慰藉現象經常會出現在親子皮膚接觸較少等對孩子來說有較多壓力的環境中。出現慰藉現象的孩子，並非就是特別愛撒嬌，或是在精神上很脆弱，那只是孩子消除不安的一種方法。

慰藉現象既是表現出孩子「想要自己努力」的想法，也是一個重要的成長過程。一旦時機到來，很多孩子就會乾脆放手，但在孩子仍依戀這些物品的期間，請保護孩子，不要勉強故意拿走那些物品。

# Q6 為什麼孩子經常咬指甲？

我後來才注意到，原來孩子總是在咬著指甲，即使手髒了也照咬不誤。幼稚園的老師有責備這樣「沒規矩」，真讓我困擾。

但即使我告訴他別咬了，他還是很難改過來。這裡面是不是有什麼原因呢？

**A** 因為很像在吸媽媽的ㄋㄟㄋㄟ，覺得很有安全感……

## 咬指甲的習慣源自兒童在哺乳期的壓力

咬指甲或吸手指是很多小孩常見的習慣。早在胎兒時期就會有吸手指的行為，但主要還是出現在三歲前的嬰幼兒時期。相較之下，咬指甲則常見於四～五歲的學齡前兒童。就算受到父母制止，很多時候孩子仍會在無意識中持續咬指甲的行為，因而很難改正。一般認為這是不好的習慣，但很多人在長大成人後仍改不了。

咬指甲的行為，其實是想藉由刺激口腔來獲得安全感，因而出現「口欲需求」。精神科醫生佛洛伊德將嬰兒出生後到一歲半左右，藉由吸吮、舔拭、含、咀嚼等以口腔為主，想要得到快樂的時期，稱為「口欲期」。在這個階段，嬰兒會被抱在母親胸前吸吮母乳，這不僅能讓嬰兒獲得營養，也能讓他們獲得與母親連結在一起的一體感與安心感。一般認為，後來到哺乳期結束，但孩子的嘴巴之所以暫時還無法離開母親的胸部，是因為他們從嘴巴嘗到了快樂的滋味，透過與母親的眼神接觸以及肌膚接觸，可確認母親對他們的愛。在這個時期，孩子若是從雙親那兒獲得充分的愛，又或是因某種原因而無法充分滿足他們的欲求，他們就會靠著咬指甲或是吸手指，想要從嘴巴來獲得快樂，好像吸吮母乳的時候一樣。

此外，長大成人後，有些人會藉由嚼口香糖或吸菸來排解寂寞、不安、煩躁，以獲得安心感，這稱為「口欲滯留」。對食物的強烈執著，也被認為是口欲滯留的一種。

一般而言，孩子咬指甲或吸手指是暫時性的，會隨著孩子的成長自然改善，所以請父母不要過於神經質。當發現孩子出現這些行為，不妨持續留意孩子的情況，並溫和提醒孩子注意即可。不必在孩子手指上塗油膏或辣椒，以免讓孩子意識到自己這樣的癖好而帶給他們壓力，反而會讓他們更無法擺脱習慣，關於這一點要注意。孩子在無事可做或感受到壓力的時候，很容易會出現惡習，因此父母不要去責備孩子、硬要他們改過，而是父母首先要找出是否有什麼原因讓孩子感受到壓力，盡可能除去那些原因。若情況過於嚴重或是找不到原因的時候，則可以去找專家諮商。

# Q7 為什麼嬰兒的臉看起來這麼可愛？

我家爸爸本來不喜歡小孩，但自從小寶寶出生，他就會寵愛地説著：「好可愛、好可愛」溺愛孩子。

或許嬰兒的確是很可愛，但是否有什麼原因才會讓人有這樣的感覺呢？

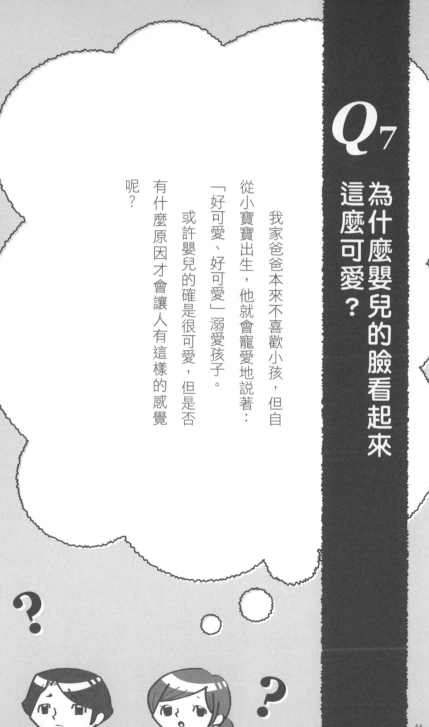

# A 因為想得到爸爸、媽媽保護！

# Q7 為什麼嬰兒的臉看起來這麼可愛？

兒童心理學解說

## 可愛是小孩的生存策略

走在街上，會遇見許多陌生人對嬰兒說「好可愛」，嬰兒就是有這種魅力可以吸引大家。雖然每個人臉型都不一樣，為什麼嬰兒看起來就是很可愛呢？

嬰兒都具有共同的特徵：1與身體相比，頭相對較大；2眼睛鼻子和嘴巴都位在臉部較低的位置；3臉頰柔軟圓潤；4手腳較短，身體圓圓的；5動作不靈活。動物行為學者勞倫茲*1將嬰兒的這些特徵稱為「嬰兒圖式」*2（baby schema）。由於「嬰兒圖式」，很多人的大腦看到嬰兒就會覺得「可愛」，同時也湧現「想要保護弱小」的本能。也就是說，會覺得嬰兒很可愛是來自於人類的本能。，因為這樣的構造，無法獨自存活的嬰兒，卻可以受到照顧與保護而安全活下去。「嬰兒體型」、「幼兒體型」整體來說就是很肥胖鬆軟，頭大手腳短，大家都覺得那樣的體型「很可愛」，於是商人加以應用在製作玩具。

此外，嬰兒在出生後十一個月左右是最可愛的，這也是因為這時候他們的運動機能發達，能靈活地動來動去，在這種會增加受傷危險性的時期，必須要能吸引大人的注意力。亦即嬰兒有一種方法能吸引能夠保護自己的大人，這種方法就是展現自己的可愛。

順帶一提，剛生下來的嬰兒雖然有著令人憐愛的笑臉，但那其實並不是真正的微笑。直到出生兩個月左右，嬰兒所謂的「天使微笑」其實與心情或感覺無關，是無意識收縮臉部肌肉所造成，因此稱為「生理性微笑」。可是，面對這種看似天真無邪的笑容，周遭的人自然會回以笑臉。嬰兒在眾人不斷說著「寶寶看起來好開心啊」之下成長，自出生後三個月左右起，聽到父母等熟人的聲音或看到他們的臉，嬰兒才會開始出現「社會性微笑」，也就是真正的微笑。從這些人際互動，嬰兒接受到各種刺激而成長。

*註1：勞倫茲，全名為康拉德、柴卡里阿斯、勞倫茲（Konrad Zacharias Lorenz, 1903-1989年），奧地利知名動物學家，動物行為學之父，著有《所羅門王的指環》（中譯本）。

*註2：嬰兒圖式，這是一種幼兒獨有的臉部特徵，主要是圓臉、寬額頭、大眼、小嘴。

# Q8 孩子是怎樣學會說話的？

孩子長大一些，漸漸能記得簡單的字彙，能開口說幾個字：「爸爸」「媽媽」，讓我好開心。

其他小孩大概也都是從「爸爸」「媽媽」這類字彙開始學說話，不過孩子究竟是怎樣記住字彙並開口說話？

## A 說話是從「爸爸」「媽媽」這類簡單好說的字彙開始！

## Q8 孩子是怎樣學會說話的？

兒童心理學解說

### 牙牙學語期的溝通方式主宰孩子未來的語言能力

剛出生的嬰兒只會哭，不會說話，但是過不了多久，心情好的時候，他們就會從喉嚨深處發出像是「啊啊」「啊嗚」等的聲音（咕咕聲）。

接著到了三～四個月，會發出「伊呀聲」。所謂的伊呀聲指的是嬰兒所發出沒有意義的字彙，最初是從「啊—」「嗚—」等發音開始，接著是ㄗㄘ等氣音，然後才是「巴巴」「媽媽」等連續的發音。這時期的嬰兒可以發出非母語的發音，像是日本人很難發的「L」跟「R」發音，嬰兒都能清楚發出來。

到了一歲左右，幼兒會發出最初的語言「初語」。這時期他們很難發出清楚明確的發音，基本上只會一些發音簡單的字彙，像是「媽媽」「爸爸」「飯飯」等。他們經常會重複說著「噗噗」「汪汪」等這類伊呀聲的延伸字彙。這類延伸字彙具有著各種意義，所以又稱為「單語」。例如表示車子的「噗噗」可能另外代表「車子來了」「我喜歡車子」「我想坐車子」等各種意義，意義會因孩子在不同狀況聽到這個字彙，以及不同的成長背景環境而有所差異。在出現初語前不久，孩子會

「指著」看到的東西發出伊呀聲，這就是孩子想使用語言和母親溝通的訊號。孩子這時期的大腦並全速運轉地成長，所以積極地和嬰兒互動、說話，對日後語言能力的發展將會帶來極大的影響。

孩子並不會因為開口說初語，就立刻增加會說的字彙，要等過了一歲半，字彙才會開始爆炸性般地增加。孩子到了兩歲左右，會說約三百個字彙，並會從單語變化成連接兩個單語的形式，像是「喜歡、汪汪」。接著到了三～四歲，孩子的字彙會增加到一千五百～三千個，已可以進行日常的對話。不過，每個孩子的語言發展都有很大的差異，若你的孩子語言發展較其他孩子緩慢，但是孩子發音無礙、親子溝通互動順利，則不需要太過擔心。

# Q9 為什麼嬰兒看到鏡子就會笑？

有件事我覺得很神奇，我的小孩每次看到鏡子的時候都會笑得很開心。

看見鏡子裡有另一個小嬰兒，孩子笑得好開心。請問小孩子是否知道鏡中的人就是自己呢？

## A 奇怪！裡面怎麼有小孩！一起玩真開心

## 嬰兒喜歡看臉孔和會動的東西

嬰兒在出生四個月後，會對鏡中投射的影象產生反應。嬰兒的好奇心很旺盛，對鏡子很感興趣。他們會看著映在鏡中的自己，展現各種各樣的表情，看著鏡子發笑，大人因此會以為嬰兒是「注意到自己而在笑」。

但是在這個時期，嬰兒其實還不知道映在鏡中的就是「自己」。只是因為嬰兒很喜歡看「臉孔」和「會動的東西」，鏡中出現臉孔，會覺得有趣而一直盯著看，反射性地發笑。剛開始，他們不會認為那就是自己，他們會以為鏡子裡頭有人而去敲打鏡子、把臉貼在鏡子上去窺視，這樣的場面我們經常能看到。過了一陣子，他們會對著鏡子說話，看鏡子裡的人有什麼反應，最後他們會發覺，原來鏡子裡頭的人做出的動作和自己一樣。接下來他們就會認知到，映在鏡子中的就是自己。

那麼，嬰兒到底是從什麼時候起認識到鏡中人就是自己呢？有一種方法能知道他們是否知道映在鏡中的是自己，是利用一種「鏡子測試」的實驗。這個實驗是趁孩子不注意的時候在他們的額頭、臉頰上點一些口紅，之後讓他們照鏡子，若他們會發現自己的臉髒了，想擦掉，代表他們知道映在鏡中的是自己；此測驗也稱為「紅點測驗」。

測驗結果發現，一歲左右的嬰兒會想去擦掉鏡中臉孔的髒汙，相較之下，一歲半～兩歲左右的嬰兒則會看著鏡子，想要擦拭掉自己臉上的髒汙。兩者對照可見較大的嬰兒能區別自己與他人，表示意識到「自我」的存在。在心理學中，稱此為「自我認知」的確立。這和面對他人會感到害羞、不好意思等，表現與自我相關的複雜情感，時期略有重疊。也就是說，嬰兒開始注意鏡中的自己，代表產生自我認知，這個例子相信父母很容易了解。

# Q10 為什麼孩子想說什麼就說什麼？

孩子總會想到什麼就說什麼，實在很令人困擾。

還常會指著陌生人大聲說出失禮的話，經常都讓我捏把冷汗……。

為什麼孩子經常這樣呢？

# A 孩子會把心裡的話直接說出來

## 思考力與說話運動

孩子在玩時，我們可以看到他們會自言自語，譬如邊畫圖邊喃喃說著話。甚至是在和朋友玩時，有時候好像是在跟自己說話，有時候卻又不是在跟自己說話。在孩子的自言自語中，究竟有什麼意義呢？

心理學家皮亞傑*1認為，自言自語目的不在於向別人傳達自我想法，而是表現幼兒期特有的自我中心性。此外，孩子還無法客觀地看待事物，所以不會去注意身邊的人反應而說話。

另一方面，蘇聯（當年）的心理學家維高斯基*2認為，自言自語是為了「大腦進行思考」所做的準備階段。依據維高斯基所做的實驗可以得知，孩子畫圖時我們若把藍筆藏起來，可以觀察到，沒有藍筆的孩子會有超過平常兩倍的自言自語，像是「奇怪，沒有藍筆。跑哪裡去了呢？沒有藍筆就用綠筆好了」等。由此可見，若行為無法隨心所欲，孩子會想自己主動解決問題而努力思考，因而會直接把話說出口。

我們的大腦運作，會使用語言來整理自己的想法與感覺。也就是說，語言除了是與外界溝通的重要工具，也是整理自己想法的必要工具。但是，三～四歲的孩子尚不能完全運用大腦整理自己的想法，因此會把所想的事情直接脫口而出。等到五歲，孩子發育較成熟，大腦運作順利，因此自言自語自然就會減少。在這段時期，可以說孩子終於漸漸成熟可以區分「為了整理自己的想法而在腦中使用的語言」以及「為了與外界溝通所使用的語言」。

也就是說，對幼小的孩子來說，自言自語有一種功能，可用自己的話來調整自己的行為。因此小孩自言自語是為了提高認知功能所不可或缺的一個過程。

*註1：皮亞傑，全名為尚、威廉、弗里茲、皮亞傑（Jean William Fritz Piaget, 1896-1980年），瑞士知名發展心理學家。

*註2：維高斯基，全名為李夫·維高斯基（Лев Семёнович Выготский, 1896-1934年），蘇聯心理學家。

# Q11 孩子如何決定未來的夢想？

孩子不知從何時開始出現「我將來要成為棒球選手」這樣的想法。

至此之前，孩子幾乎沒有提過與「未來夢想」相關的話題，但卻突然說出自己將來想做什麼，這點很令我驚訝。

是不是有什麼契機，才讓孩子產生對未來的夢想？

## A 契機在於，受到周圍所有人的認可！

## 產生夢想之前的幾個階段

孩子「未來的夢想」只是一個籠統的概念，有許多細節。在此請各位試著想一想，孩子究竟是在什麼時候認真地看待未來、開始擁有屬於自己的「夢想」？

美國的心理學家馬斯洛*表示，人類的需求有五個階段層次，這五個層次受到階段性地滿足。以此為參考，讓我們來看一下產生「夢想」的過程。五個階段的需求如下所示：

①生理需要：飲食、睡眠、排泄等本能需求。

②安全需要：安全的生活、安定的經濟、健康等生活需求。

③社交需要：自己在社會上有完成的任務，想隸屬於某團體的需求。

④尊重需要：希望被認可為有價值的存在、被尊重的需求。

⑤自我實現需要：運用自己的才能，想從事創造性活動的需求。

人類首先一開始要滿足①為求生存所必須的需求，接著追尋②安全與安定的生活。滿足以上兩個基本需求，奠定生活基礎，然後會出現如③的社會性需求。也就是說，人們會期望自己屬於某團體、實際感受到自己受到他人所接納、「想和身邊的人一樣」。若這個需求沒被滿足，人們很容易就會感受到孤獨或是社會性的不安。前面三個需求得到了滿足，才會出現期望提升內心層面的需求，也就是④的需求，期望藉由個人技術或能力，獲得地位與名聲，「想得到身邊的人認可與尊重」。接著，即使以上四個需求沒有完全獲得滿足，但只要獲得一定程度的滿足，便會開始產生⑤對自我實現的需求，「訂定人生目標，為實現目標而努力」。

由此可見，決定「未來的夢想」時期是因人而異。有些人從小就朝著夢想邁進，也有些人是長大成人後才找到自己的目標。但最重要的是，所謂的自我實現是很不容易到達的最終階段，當我們實際感受到家人為主等人「接納」了我們，因此獲得充實感，最後才會出現的終極目標，我們希望能將自己擁有的能力或可能性，發揮到極致，一直努力下去。

*註：馬斯洛，全名為亞伯拉罕、哈羅德、馬斯洛（Abraham Harold Maslow, 1908-1970年），提出最具代表性的理論為「需求層次理論」。

# 第2部

# 輕鬆育兒的
# 心理學

# Q12

## 為什麼自己的孩子成長似乎特別慢？

與我家小孩相比，其他一起在幼稚園的孩子好會説話，也會認好多字。其中還有孩子會正確寫出自己的名字。

可是相較之下，我家孩子還不太會説話，是我養育孩子的方法錯了嗎？我很擔心這件事。

A
孩子的成長發展速度是因人而異的！
……。
滔滔不絕

## 不必太在意孩子的發展速度
## 重點在於發現孩子的優點

孩子的成長不過短短數年。就運動能力來看，嬰兒剛開始還不會翻身，但是不到幾個月，不僅會發出咿呀聲，還變得活蹦亂跳的，約經過一年，竟已經可以搖搖晃晃地走路。就說話能力來看，幼兒要到一歲前後才會開口說單字，但到了兩三歲左右，變得突然會說很多詞彙（↓P52）。

特別令人在意的是自己小孩的成長速度。很多媽媽都特別關注孩子的語言發展。或許媽媽會焦慮地想著「老大這時候已經很會說話了……」「和朋友的孩子相比，我家的孩子怎麼都不會說話」等。

可是請試著想一下。孩子和不久前比較起來，真的一點變化都沒有嗎？不，每一個孩子都有照著自己的步調成長。話說回來，能夠做到之前所做不到的事，這就是「發展」、「成長」，無法與其他小孩比較。讓我們一起為孩子一個一個的小變化感到歡欣吧。即便看起來孩子一點變化都沒有，但孩子的內心一定有所改變。或許那正是為了以後的發展而預做準備，這些準備都是在我們眼睛所看不到的地方在進行著。

很多媽媽都會在意孩子語言發展的遲緩，以為這是「自閉症」的一個徵兆。有些例子是在孩子一歲半的健兒門診，醫生指出孩子還不會說話而令人很在意。可是，大部分的情況是孩子最後都毫無問題地學會開口說話。嬰幼兒時期的發展，個人差異會有很大的不同，不需要焦急，靜靜等待也是很重要的。但若除了語言發展的遲緩，孩子還有很多讓人擔心不安的徵兆，像是不願與他人視線接觸，對環境事物不感興趣，不停做出令人匪夷所思的行為等，可以試著到醫療機構諮詢。

孩子是看著父母長大的，若父母太過神經質，就會影響到孩子。父母當然都會特別在意自己的孩子，但仍要注意不需要太過於焦急，媽媽也不需要自責，認為「都是我不好」。親子只要溝通順利，並不會有什麼大問題。

# Q13 為什麼孩子總愛說「不要」？

不論我跟孩子說什麼，他都會回我「不要」。

「要不要去幼稚園？」「不要！」

「自己好好走路。」「不要！」

「今天先不要玩玩具好不好？」「不要！」

總之，孩子只會回我「不要」，我很煩躁……。

## A 表示孩子能夠說出自己的想法！

# 叛逆期是孩子成長的證據，請放心守護他們吧！

孩子到了兩歲左右，語言溝通的情形會變得活躍起來，自我的世界變得比較明顯，但同時，他們會突然變得很愛說「不要！」「不行！」出現反抗態度。稱為「不要不要期」，是「叛逆期」的開端。身邊的大人有一段時間會受到孩子這樣的反應所困擾。

孩子什麼事都想自己來，要是做得不順利就會發脾氣，但若是想給予他們幫助，他們又會哭著抵抗。很多時候，父母對於孩子叛逆期的行為會感到很迷惘，不知如何是好。若是孩子每天都一直這麼任意而為，有的時候父母會對孩子感到煩躁。可是這對孩子來說，是「自己與父母是不一樣的」，產生自我主張，是獨立的展現。最重要的是，父母要能以正面積極的態度來理解，這是孩子成長的證明。

在這個階段，父母會為與孩子間的爭執而感到疲倦，很容易會接受孩子所有要求，不會要求孩子。但這樣只會養出任性的孩子，或是讓孩子變得只要受點挫折就會更加叛逆。因此在這個階段請好好面對孩子，讓孩子了解，有些事能隨他們心意去做，有些事則不能，讓他們感受到獨立完成事情的喜悅吧。

其實這個階段的孩子是因為無法順利完成想做的事，產生挫折感，心中出現各種情感的糾葛。父母可以問問他們現在想做什麼，即便那些事有點難度，也不要不由分說地否定他們：「太難了，做不到！」不妨放手讓他們去做吧。若孩子能順利完成，可以擁有完成感與自信感。若無法順利完成，父母也不要對孩子說：「果然做不到吧！」而是要不經意地伸手幫他們一把，注意在不要傷到孩子自尊心的情況下，給予他們支持。

此外，在孩子反抗所有事情的背後，其實孩子真正的想法是「想要自己解決」。如果孩子「不想吃早餐」，請準備其他早餐選擇，問孩子：「你想要吃麵包還是飯？」給予孩子選擇權，除了能滿足孩子，也能培育出孩子的自主性。叛逆期經過半年～一年就自然會結束，請各位父母放心守護孩子的成長吧。

# Q14 為什麼不論怎麼罵孩子都不聽？

不論我怎麼罵孩子他都不聽，總是會重複犯同樣的錯誤。我是為了孩子好才罵他，但孩子似乎完全沒反應，這讓我很挫折。是我罵孩子的方式錯了嗎？

A
媽媽似乎總是在罵我，
都沒讚美過我……
好可怕…

兒童心理學解說

## 讚美孩子必需是罵的五倍

在心理學中已經知道，要期待孩子能獲得學習效果，「讚美」比「責罵」更有用。責備絕無法為孩子的心理以及成長帶來良好影響。責罵孩子的次數約是讚美孩子次數的五分之一。反過來說，若是責罵孩子一次，反而要給孩子約五倍的讚美。

話雖這麼說，孩子出現不良行為，的確需要表現父母的態度。在此，我列舉出幾個較好的方式，希望大家在責罵孩子前能先知道。

首先是，「責罵」與「生氣」不同。罵孩子時要冷靜，必需讓孩子知道「原因」。「不行！」「不要做這種事！」這類不清楚的說法，孩子是不會懂的。重要的是，要告訴孩子原因，讓孩子理解為什麼不可以。這個時候，我們要把責罵的焦點放在「行為」，而非孩子的「人格」，這也是一個重點。而且在責罵孩子後，若孩子修正行為，則要好好加以稱讚。孩子在自己做出某種行為而產生回饋，便願意重複那樣的行為。「受到稱讚」、「獲得獎勵」能提高孩子的主動性。

在此希望大家注意一件事，亦即不要和周圍其他人比較而去責罵孩子。讚美的時候也是如此，人比人氣死人，像是「小華跟小明都做得到，你怎麼都做不到呢」這種說法會深深傷害到孩子的心，而且還有可能會影響孩子未來的人生，產生自卑感。此外，長時間絮絮叨叨也沒有意義。

以下我要介紹一則饒富深意的故事。根據心理學者沙夫納*（Schaffner）所說，經過長時間的觀察，孩子大致上會做出等量的「好事」與「壞事」。父母在孩子做好事時會給予讚美，做不好時也會責罵孩子，但實際上，不論是讚美或責罵，孩子都會不斷重複做好事與壞事。如果父母發現自己似乎整天都在責罵孩子，或許看待孩子的行為不需要那麼緊張。

*註：沙夫納（Paul Schaffner），美國鮑登學院心理學副教授。

# Q15

# 為什麼孩子看不見父母就會放聲大哭？

我的孩子還只是個小嬰兒，但我只要一走出房間他就會放聲大哭，這讓我很困擾。

電話響了，我只是稍微去接一下他便大聲哭泣，讓我嚇了一跳。

孩子這樣是不是有什麼原因呢？

A 媽媽不見了，我覺得好害怕……

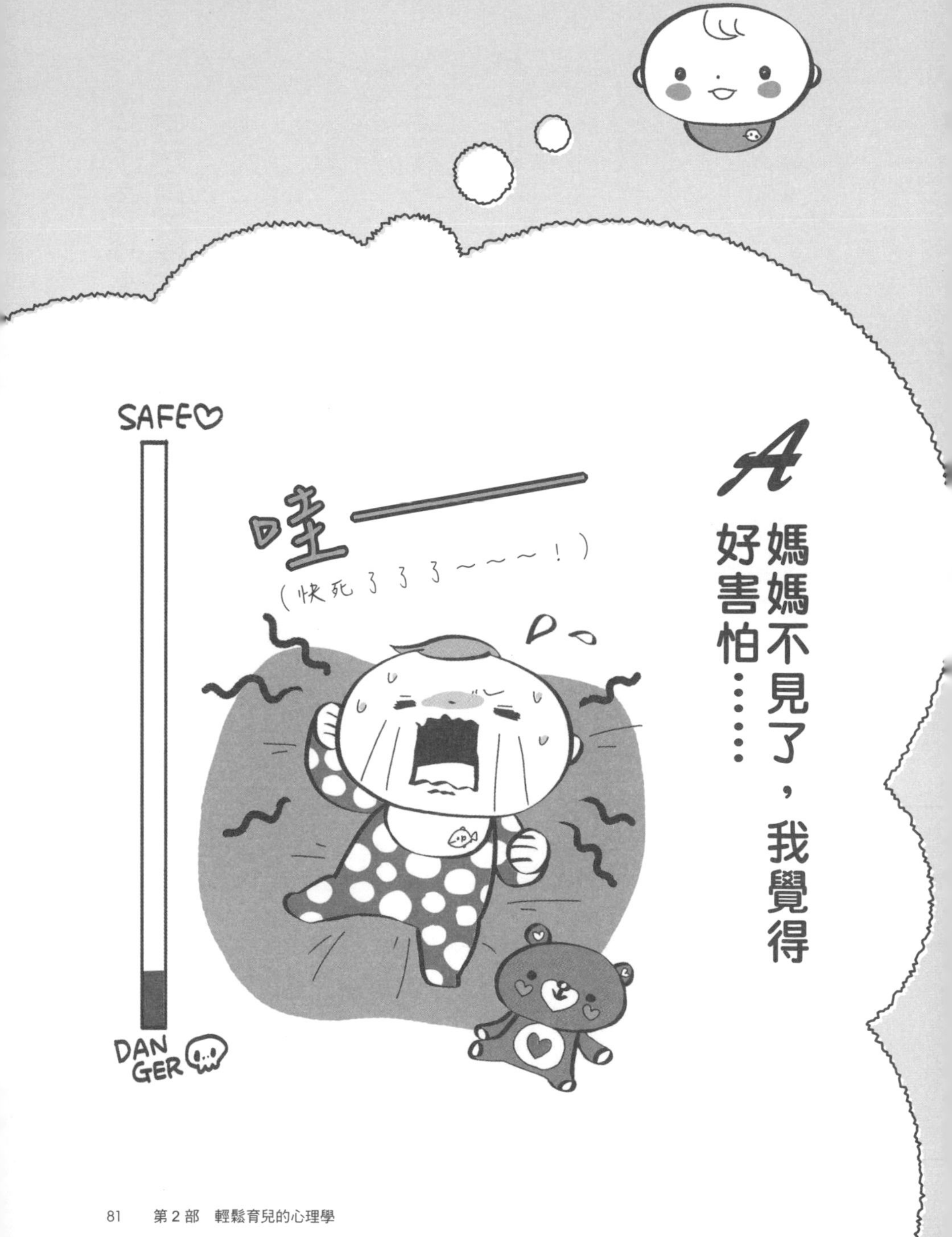

# 孩子會認人，表示已產生親子的連結

嬰兒藉由哭泣、微笑來告訴身邊的人自己的需求，並因此認識到，給予他們最多回應、照顧他們的人是「特別的人」（主要照顧者）。然後他們會渴求與主要照顧者接觸，喜歡肌膚接觸，並加強彼此間的連結。英國精神科醫生鮑比*說，這可以稱為「依附」。他認為，親子形成依附，可以分成如下四個階段。

一開始，嬰兒對於周遭所有人的反應都相同（第一階段），接著，他們會分辨母親等主要照顧者及其他人（第二階段）。然後嬰兒會將母親當作主要依附的對象，總是想一直和母親在一起而產生依附行為，這是第三階段。在這個階段，嬰兒增強對母親的依附，同時並開始「認人」，嬰兒看到不認識的人會感到害怕，必需經過一陣子，他們學習到，即使媽媽不在身邊，也會有其他人守護自己而產生信任關係，即使以後看不見媽媽也不再害怕（第四階段）。

也就是說，媽媽只是去上個廁所，嬰兒就會哭，並發出咿呀聲追在媽媽後頭，都是對媽媽有著強烈依附的證據。因為不知道媽媽什麼時候會回來，一想到「要是媽媽就這樣一去不回該怎麼辦……」孩子會產生極大的不安。這對媽媽來說是個不輕鬆的時期，但在這個階段所形成的依附會持續一輩子，所以必需妥善處理這樣的情況。媽媽在離開嬰兒的時候可以告知孩子，讓他們知道自己一定會回來。回來時也要再次呼喚嬰兒或是抱抱他們，好讓嬰兒安心。

這裡說的主要是母親，但嬰兒會和特定的一個人產生依附連結，這樣的連結會漸漸擴大到父親或身邊其他親人，進而形成屬於嬰兒獨特的親子信任關係。最後，嬰兒會對外界感到有興趣，會脫離家庭保護，最後飛奔前往新世界。這時候，孩子之所以能漸漸擴大行為範圍，正是因為與親人所產生的依附關係，他們深信，即使發生什麼事，都能迅速撤回屬於他們的「安全基地」。

*註：鮑比，全名為約翰、鮑比（John Bowlby，1907——1990年），英國發展心理學家，從事精神疾病研究及精神分析工作。「依附理論」是其最著名之理論。

# Q16

# 怎樣才能讓孩子主動學習？

我家孩子正在學游泳，剛開始還能順利進行，但最近卻不知道怎麼就是無法專心學習。

他雖然很喜歡進入游泳池，但自從開始要學習自由式，卻私毫沒有興趣。這是為什麼呢？

# A 目標太難太遙遠，會令人無法產生興趣！

## 請縮小目標，有助孩子產生興趣

孩子是否願意主動，多少會受到父母的影響。例如若父母對教育很關心，會經常鼓勵、讚美孩子的行為，能夠注意到孩子細微的變化、積極表現反應，孩子的學習意願自然高。相反地，若父母自己就沒有動力，對孩子的反應也很冷淡，自然孩子也不會具有動力。若父母過於積極，期待過高，對孩子的要求設定太高，這麼一來反而會打壓孩子的學習意願。

畢竟孩子才是學習的主角，父母為了引導孩子產生動力，必需給予孩子恰當的支持。

目標訂得太高或太低，都無法讓孩子產生學習動力。目標訂得太高，失敗的機率會跟著提高，要獲得成功需花費不少時間，所以容易在中途產生挫折。反過來說，若目標設得過低，因為「當然能做到」，孩子無法獲得成就感，也會失去意願。剛剛好的目標設定是感覺像是能達成又達不成，有點勉強的情況，「成功與失敗的機率一半一半」。若設定的目標終點太遠，可以細分成幾個較小的目標，漸漸提高程度，累積小小的成功經驗，有助孩子產生動力，達成新目標。

即使產生學習動力，繼續保持也不是一件容易的事。除了時時鼓勵、讚美，也要給予孩子正面的良好刺激。唯有發自內心的動力，才能夠強烈、長時間地保持下去。孩子能夠自發性產生「想做更多」「想知道更多」，自然會有好結果。這麼一來，孩子不但有自信，還變得「想要更努力」而更積極主動地吸收新知。為此，除了能運用「讚美」的方式，製造許多機會讓孩子多接觸不同的事物，另為孩子準備適當的環境，有助於提升他們的好奇心，也是很重要的。

# Q17 如何正確稱讚孩子？

對於孩子，我希望盡可能要多加讚美，幫助她的成長。

可是實際上，我不清楚過多的讚美，是否反而會產生負作用。

不知道正確的讚美，應該怎麼做？

A 請多讚美孩子努力的過程！
妳很努力呢～
有進步喔～
嗯！我會再加油的

## 稱讚孩子的努力 有助於孩子勇於嘗試與挑戰

誠如前節所述，讚美對孩子的教育很有效果。讚美能帶給孩子自信，能讓孩子產生動力「更加努力」。人們得到稱讚、被賦予期望，會想要回應別人對自己的期望，這在心理學上稱為「皮革馬利翁效應」（Pygmalion Effect）。

讚美的方法有各式各樣。基本上，好的結果自然會得到稱讚，但由於因自己的努力過程受到稱讚，更會令人產生自信，也有助於提升動力。我們要稱讚孩子「你這次很努力呢」、「你非常努力練習呢」，而非只看重結果，無關痛癢地說「你考90分好厲害！」、「你做得真好」，請多稱讚孩子的努力和過程吧。「還好有你幫我」、「謝謝」這類感謝孩子的話，也有助於提升孩子的熱情。

稱讚孩子的時候，還有一點很重要，是要在當下立刻稱讚。若沒有立刻稱讚孩子，他們無法與自己的努力連結。偶爾摸摸孩子的頭、抱抱他們，像這類肌膚接觸的讚美也很有效。

必需要注意的是「你真聰明」、「你真有天份」、「不論什麼事你都能做到呢」避免用這類稱讚能力的話。乍看之下這些都是正面用語，但有時卻會給予孩子壓力，反而侷限了孩子的可能性。孩子可能會覺得「要是下次做不好讓父母失望怎麼辦……」而害怕失敗，因此扼殺了他們想要挑戰困難的意願。相較之下，稱讚他們的「努力過程」或「行為」較容易培養孩子長期的自信，以及不怕失敗勇於挑戰的能力。

此外，還要避免手足或周遭朋友之間比較的讚美。我們首先要承認孩子的獨立存在，而不是與他人比較，以免傷到孩子的自尊心。

有些媽媽會認為讚美孩子、讓孩子成長＝不責罵（寵溺），但這是不對的。孩子若做了不該做的事，或造成他人的困擾，仍必需告知孩子。

# Q18 孩子會說謊，是否形成了壞習慣？

最近孩子變得會撒謊，讓我很頭疼。

不久前孩子還是那麼真心、老實，但最近卻變得想用說謊來隱瞞自己的錯誤。孩子是否會變成慣性說謊的人呢？

## A 說謊其實不容易！這是成長的證明！

## 說謊是人格獨立的展現
## 請家長不要誤會

孩子到了三歲左右會開始說謊，但是，很多時候孩子對於說謊這件事是不自覺的。例如，因為記憶力尚未發育完全而搞錯，或是搞不清現實與幻想、願望的分別，結果導致說謊。

可是，由於孩子無法謹守父母的教訓，為了不被責罵而「保護自己」，或是為了引起父母、朋友等人的「注意」，孩子會有意識說謊。像是這類謊話，是孩子左思右量、想了又想，為了保護自己的證明，也可以說是他們邁向獨立的第一步。若是父母不分青紅皂白就責備孩子說謊、用強烈的語氣詰問他們原因，孩子會因害怕被責罵，而變得更愛說謊。幼兒期的說謊，很多時候都是暫時性的，請大人不需要把這件事看得太嚴重，不妨帶著寬容的心情去應對吧。而且孩子會說謊，代表他們能進行複雜的思考，編織謊言。

人們說謊的原因有千百種。有為了不傷害別人而說的「善意的謊言」，也有為了炫耀自己或因為對自己有益而撒的謊，但若是為自己利益而撒謊，養成習慣，會讓人困擾。如果父母發現孩子是為自己的利益而說謊，有必要確實教導孩子，說謊違反社會規範，會失去信用。也要讓孩子知道父母真正的想法，與孩子真誠溝通，告訴他們，即使他們說謊，父母也會發現真相，若是做了壞事，請不要說謊，而要誠實說出來。重要的是，父母該罵的時候就要罵，但孩子誠實，父母則要加以鼓勵。

有的時候，大人雖然教導孩子「不可以說謊」，但大人自己卻說謊。有時大人是為了讓人際關係順利而不得不說謊，可是孩子並不知道其中的差異，於是便會模仿父母說謊。若是孩子習慣說謊，不懂得誠實為上策，將來反而會遇到更多問題。因此家長必需注意，在孩子面前，身教重於言教。

# Q19 為什麼孩子的專注力無法長久維持？

我的孩子剛上小學，可是在家裡卻總是難以專心寫功課，這讓我感到很困擾。

剛開始孩子還動力滿滿坐到桌子前，可等我發現的時候，已經半途而廢，不寫功課，去做其他事情。

我很希望能讓孩子持續專注力，該怎麼做呢？

## A 孩子受到其他事物干擾，會容易分心……

## 排除干擾 打造有助於專注的環境

孩子的好奇心很旺盛，這一刻熱衷於某件事，下一刻卻會對其他事情感興趣。因此，有很多家長都為「我家小孩沒有專注力」而煩惱。雖然專注力無法持續而容易分心，會讓人聯想到是因為意志力薄弱，但其實並非如此。專注力高低是因人而異的，即便是大人也難以維持專注力。尤其是幼兒期的孩子，他們的專注力與「年齡」有關。請父母不要以大人的感覺來評斷孩子「沒有專注力」，請給予孩子協助，幫助他們提高專注力。

為了養成專注力，「刺激」與「環境」是重要的關鍵。首先我們要排除來自周圍環境的刺激，準備一個有助於集中注意力的環境。一個雜亂的房間或電視機的聲音，都會妨礙孩子集中注意力。父母除了要減少干擾，也要注意房間的整潔，保持環境單純。這樣一來才可以提升孩子的專注力。睡眠不足或疲勞會讓專注力降低，請父母要注意孩子的生活是否有規律，讓孩子有充足的睡眠。利用孩子有興趣的事物，漸漸培養專注力、延長集中精神的時間，也是個不錯的方法。

此外，近來家長往往看見孩子無法冷靜下來，就懷疑孩子得了ADHD（缺乏注意力、多功能障礙）不斷在增加。ADHD是一種發育障礙，特徵為「活動力旺盛」、「注意力渙散」、「具衝動性」。明顯的症狀有：無法平靜下來乖乖不動，經常忘東望西、無法收拾整理等。有三～七％的比例有ADHD的傾向，可說是發生率較高的發展障礙，導因於大腦功能問題。雖然幾乎沒有智能方面的發展遲緩，但患者無法自我控制感情與行為，缺乏注意力，總是會重複相同的失敗。

很多時候，這些症狀會隨著年齡的成長而改善，而且大多數孩子靜不下來並不是一件少見的事，所以重要的是父母不要過於擔心。如果孩子到了一定的年齡階段仍無法穩定、融入團體生活，因此而造成問題，如果家長感到困擾，請試著尋求專家諮詢。

# Q20 孩子經常獨來獨往，是否表示沒有朋友？

在托兒所裡，我都沒看到孩子跟其他小孩一起玩，對此我感到很擔心。

其他小孩都會和朋友一起玩玩具，但我的孩子卻總是一個人自己在畫圖。

想到孩子會不會因此交不到朋友，我就非常擔心。

# A 孩子只是比較喜歡一個人玩！別擔心！

# Q20 孩子經常獨來獨往，是否表示沒有朋友？

兒童心理學解說

## 認識孩子的個性差異

若孩子意識到周遭有相同年紀的孩子，會從一個人自己玩遊戲，漸漸轉變為和大家一起團體遊戲。一般說來，剛開始的時候，孩子雖然不會和在同處一室的孩子一起玩而會「獨自」玩，但在這期間，歷經了觀看其他孩子玩遊戲的「旁觀者遊戲」或是一個人進行著和其他孩子相同遊戲的「平行遊戲」，接著會開始和其他孩子一起玩「聯合遊戲」。到了這個階段，孩子之間會出現對話或是互借玩具等的溝通。最終，孩子會從這樣的遊戲轉向於產生領導者、角色分配等組織化的「合作遊戲」。雖然說此時孩子變得會和其他孩子一起遊玩，但他們仍會自己一個人玩，孩子的遊戲方式會隨著他們的想法或當時的狀況而改變。

孩子開始上學，若還是獨來獨往的情況比較多，作為父母不免會擔心「這樣下去豈不是無法交到朋友嗎」「是不是被欺負了」，但孩子的個性各有不同，有些孩子交遊廣闊，但與朋友交情不深，喜歡有一大群朋友的感覺，有的孩子喜歡和少數幾個朋友深交。有些情況是，孩子並非因為沒有朋友才獨來獨往，而是因為「喜歡自己獨處」。如果孩子看起來沒有孤單寂寞的樣子，父母請暫時在一旁守護即可。尤其是在國小低年級的階段，很多時候孩子在短期間內會有不同的朋友，隨著年齡的增長，孩子的世界會越來越寬廣，漸漸地，人際關係跟著拓展，有些會交到親密的朋友。

但是，若孩子真的很想交朋友、卻很不順利而感到孤單，家長可以事先準備，與其他家長一起，製造讓雙方孩子可以一起玩的機會，幫助孩子的社交活動。

只是，不論什麼情況，都請避免指責孩子朋友太少、或硬是要追根究底。有時或許孩子本身並不覺得孤單，卻因為父母的指責而感到壓力、使自尊受損。孩子的個性以及人際關係，具有個人差異，父母不需要太過介意。

# Q21 孩子會和別人吵架，怎麼辦？

孩子最近會和幼稚園的朋友吵架。基本上他是只動口，不動手，這或許還算是好的，但身為父母，我還是希望孩子能和朋友和平相處。

請問我們大人是不是該介入，讓他們不要吵架比較好呢？

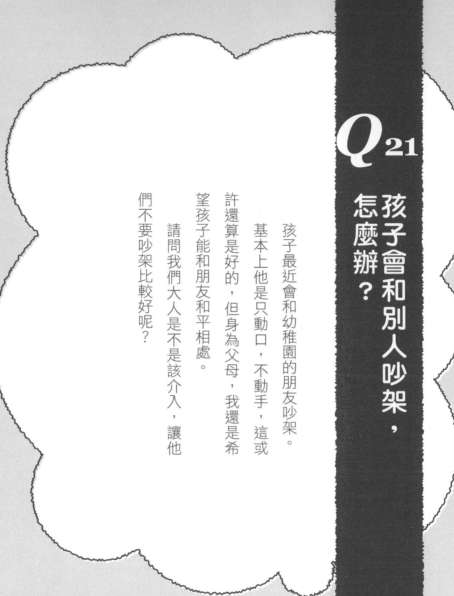

# A 吵架是一種重要溝通，父母不必擔心！

# Q21 孩子會和別人吵架，怎麼辦？

兒童心理學解說

## 爭執是孩子學習的機會

孩子和其他小孩一起玩耍時，經常會因為一點小事就吵起來。雖然經過告誡「不可以吵架」、「要和朋友和平相處」，但有時因為孩子突然吵架，會造成家長的擔心。但是另一方面，吵架是讓孩子知道自己和其他孩子有不同意見、為了傳達自己的想法而培養溝通力的一種必經過程。藉由爭執，孩子不僅能提出自我意見，也能學習去為別人著想，產生同理心，培養解決問題的能力等，是一個能學習各種事物的機會。而且藉由體會爭執過後的尷尬、朋友不再一起玩的寂寞，孩子能知道朋友以及人際關係的重要性。

幼兒時期，孩子之間的爭執原因有：爭奪玩具、肢體衝突等，很多原因都與身體上的舒適、不快或是周遭物品有關，常見特徵是出現毆打或衝撞等肢體上的攻擊。過了幼兒期，孩子之間爭執的原因會增加社會性因素，像是違反規定、說謊，或是抗議別人說自己壞話等，不再只有肢體攻擊，還會利用言語攻擊對方、給予對方心理上的傷害，像這樣，孩子吵架的原因或是方法會隨著孩子的成長而有所改變。

孩子之間發生爭執，請父母仔細觀察他們的情況，不需立即責罵孩子。當然，若孩子有受傷的疑慮，則需要介入仲裁，但基本上來說，父母還是盡量不要介入，讓孩子自己解決。若孩子向大人求助，需傾聽孩子的想法，並解釋孩子不了解的部分，再推測情況加以統整。藉由詢問孩子當時的想法，覺得該怎麼做比較好？孩子的心情便能隨之獲得平靜。

若孩子在幼稚園或學校和朋友吵架，回家說朋友的壞話，請注意不要和孩子的砲口一致，也不要責罵孩子。若是責罵孩子，孩子將會變得無法直率說出自己的想法。不要判斷孩子與其他小孩孰優孰劣，而要表示「你很難過吧」、「你很不甘心吧」等，同理孩子的心情，傾聽孩子說話。

# Q22 為什麼孩子出現暴力傾向？

我的孩子總是會在說話之前先動手，這讓我覺得很不安。

他在幼稚園和朋友們吵架的時候也是，總忍不住會動手，而惹哭其他孩子。

雖然看似孩子有在反省，但請問我要怎麼做才能讓他不再行使暴力呢？

# A 孩子無法以語言來表達自己想法的時候……

## 多練習說話表達自己的想法

有時候，幼兒期的孩子碰到不如意的事，會突然出現暴力行為。其中原因是孩子在語言上的發展還跟不上他們的情緒以及思想，由於孩子無法順利進行言語表達自己的想法，感到煩躁不安，因而忍不住動手動腳。

即便父母對行使暴力的孩子說「不可以使用暴力」，也沒什麼成效。孩子其實是知道「不可以使用暴力」的。但他們雖然知道，但由於情感先於理智，不免出現動手的情形，此時我們要問孩子「怎麼了呢？」、「為什麼會去打人呢？」詢問孩子的想法，引導孩子順利說出來。或許孩子會行使暴力的原因，是生氣玩具被搶、為了懲罰不守秩序排隊的孩子，又或者是想要與別人好好相處，純粹只是希望別人能理睬自己。若孩子能用自己的語言說出理由，他們模糊的思路可以變得清晰，漸漸便能學習如何控制自己的情緒。接著，我們可以問孩子「你想怎麼做呢？」、「有沒有什麼是你能做的？」讓孩子自己去尋求解決朋友吵架的方法，請和孩子一起想辦法。

此外，有的孩子不僅會對朋友，還對弟妹暴力相向。這是因為弟妹出生後，周圍的關心都給了弟妹，使得孩子產生忌妒心，認為父母都被「搶走了」，或許是因為這個緣故，才會使得他們對弟妹出現情感上的衝突。若想要讓孩子停止暴力行為，父母平常要對老大多多親密接觸，而非不分青紅皂白地痛罵老大。父母可以和孩子一同照顧底下的弟妹，並告訴孩子：「你還小的時候，媽媽也是這麼照顧你的喔。」讓孩子理解，媽媽現在對弟妹做的事，以前也曾對自己做過，這也不失為是一個好辦法。

同時，在責罵孩子時，家長自己也要注意，不要對孩子暴力相向。孩子比我們想像中還要更深入觀察父母。若家長懷有壓力，精神不安定，這類情緒會傳達給孩子。因此家長要注意，盡量以豁達的態度與孩子相處。

# Q23 管教應該放手還是嚴格？

我對管教孩子的方式感到有點迷惑。

若是過於寵溺孩子，孩子將會變得無法獨立；但若過於嚴格，又會招致孩子的反抗。

為了孩子未來的發展，到底哪種管教方式才對？

# A 太鬆太嚴都不好。

## 中庸之道，管教也一樣

孩子會因為父母的管教方式，而形成基本的生活習慣，以及學習到行為方針的思考方式。想要培育什麼樣的孩子，會因為父母價值觀的不同而異，但父母的職責就是輔導孩子能自行思考、採取行為。剛開始的時候，孩子會需要父母細心的關懷，之後，隨著孩子的成長，孩子將會逐步變得能以自己的力量來完成事情。

在管教上，「嚴格」與「溫和」的平衡是很重要的。若是為了讓孩子守規矩而總是嚴厲地責備孩子，或是針對孩子所做的事一一干預，將無法培育孩子的積極主動性，孩子會變得沒有父母的指示就不會做事，總是在窺探大人的臉色。相反地，若父母過於聽任孩子的所有要求，為了不讓孩子失敗而事先給予他們幫助，孩子會認為父母理應協助自己做任何事，在個性上變得無法獨立。這就是純粹的寵溺。

想要在社會上生存，除了要有能自己的想法、提出「自我意見」的能力，也需要有能自我控制的能力。例如，排隊等待、得不到自己想要的東西也要接受，若沒有能控制、壓抑自我的能力，無法和身邊的人產生良好的人際關係。要讓孩子在各方面都能學會中庸之道，不能對孩子過於嚴苛也不能過於寵溺，而要用處於兩者中間的態度來對待孩子。

不論是哪一種方法，養育孩子最重要的，就是不要傷害孩子的「自尊」。所謂的自尊，簡單來說就是認為「自己是有價值的」「喜歡自己」的想法。不論是在稱讚還是責罵孩子時，都要先做到尊重孩子的人格以及個性，用溫暖的態度來包容孩子，這樣可以一點一滴培養孩子的自尊。就算孩子有什麼失敗，或是做了什麼不好的行為，父母也都必須要先認同孩子為一獨立的存在，並接受他們。

自尊能讓我們感受到幸福感，產生行為能力。「凡人都有優點和缺點，可是，只要展現真實的自我即可」，這種想法有助孩子就算受到挫折或壓力，依舊能不屈不撓。

# Q24 怎樣鼓勵受到挫折的孩子？

孩子在運動會的賽跑中，因為沒能拿到第一而感到很挫折。他的天份就是跑得快，所以這對他來說打擊頗大。

運動會一年只舉辦一次，所以我也無法告訴他：「下次還有機會喔」……我到底該怎樣鼓勵孩子呢？

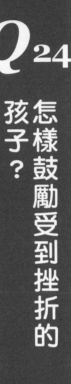

# A 鼓勵孩子抱持正面態度！

# Q24 怎樣鼓勵受到挫折的孩子？

兒童心理學解說

## 抱持同理心，根據「事實」鼓勵孩子

孩子在家庭以外的地方，經驗到各式各樣的事，有時候會產生挫折感。在這個時候，我們要先傾聽孩子說話，讓孩子冷靜下來。若聽完孩子的話，確認沮喪的原因，我們可以表示「原來是這樣」「你一定很難過」「你很傷心」，對孩子的心情產生同理。接著，我們可以試著問孩子，接下來準備怎麼做？希望大人能夠協助些什麼？

這時候一定要注意的是，表示同理心，並不等於產生相同的感覺。孩子或許非常沮喪，但大人沒必要跟著一起難過。有的孩子會因為大人也跟著難過，導致產生內疚，甚至變得比孩子更沮喪。此外，其實立刻給予孩子建議並不是很好，很多孩子在恢復精神之前都無法聽進建議。孩子的問題請回歸讓孩子自己解決，父母可先傾聽孩子的心聲，而不要急著介入。

在氣壓低的狀況下，如果我們希望孩子能早些從沮喪中重新站起來，可以讓他們回想起從前曾做過的事或是努力過程等「成功經驗」，以及讓他們產生開心、快樂的「正面經驗」。

依據澳洲心理學家湯普森（Donald M. Thompson）的研究，人們感到不安或擔心時，可進行練習，回想正面的事，可使心理變得正向開朗。產生消沉的情緒時，多半隱藏著「自已是不行的」「我已經被人討厭了」等沒有根據的想法，此時若能轉念，提出正面經驗，可立即扭轉負面情緒。

例如孩子和朋友吵架，因為口出惡言而後悔難過，我們可以對孩子說：「你從前曾經在公園裡邀請獨自玩耍的孩子一起玩。」提出事實，提醒孩子他其實是個很溫和的人。不論是多小的事都可以。藉由「你從前曾經……」這樣的轉折語氣，可以幫助孩子重新取回喪失的自信，漸漸恢復正面積極的態度。

# 第3部

# 兒童心理小常識

# 大人的道德，小孩的道德

## 「漢斯倫理困境」（Heinz dilemma）的道德成熟度問題

在這世界上，有些大人說起話來感覺就像個小孩子一樣，而另一方面，有些小孩的行為老氣橫秋，像個小大人。那麼所謂的孩子氣的思想以及成熟的思想到底是什麼呢？美國心理學家柯爾伯格*1提出「漢斯倫理困境」可以從心理學上說明大人與小孩的差異。一邊閱讀，不妨一邊跟著想想看。

從前有位名叫漢斯的男人，他的妻子重病臥床，再這麼下去，來日將無多。唯一的治療方式就是使用某種藥，而在街上的藥局就有賣那種藥。可是，藥局老闆卻說：「你要給我一千萬我才賣。」漢斯雖然拚命籌錢，但怎樣都籌不到一千萬。因此漢斯拜託老闆：「可以便宜點賣我嗎？」「我可以之後再補上不足的部分嗎？」可是老闆都拒絕了。漢斯的妻子終於日益衰弱，直到幾乎只剩下非常短暫的活命時間。於是漢斯夜半潛入藥局，偷走了藥……。

各位對於漢斯的行為，有什麼想法？為什麼你會那麼想？請整理好自己的想法，再繼續閱讀下面的文字。

漢斯陷入了「想救妻子性命」「可是買不起藥」的困境，因而做出偷竊的行為。柯爾柏格認為，從人們對漢斯行為的想法，可以知道每個人自己的道德（道德心）成熟度。道德的成熟度可以分為以下三種。

**程度一：只想到自己**

如果你的想法是「會被警察抓，所以不行」「只要被抓到就好」這種以個人得失為出發點的答案，是屬於小孩的程度。若世界上的人都認為只要不敗露，可以做任何事，這種想法令人毛骨悚然。

**程度二：重視法律與社會**

「我了解他的想法，但不可以違反法律」「如果有這種苦衷，即使偷了藥，大家也會原諒他」。以法律或社會規範為標準進行判斷，是屬於青少年程度。雖然這種想法並非完全不正確，但若大家都主張自己的言論正確，會產生許多衝突。

## 程度三：依照個人信念與良心

「雖然偷竊是錯誤的，但若換做自己，會同樣無法對所愛的人見死不救，所以我贊成」「我能理解漢斯會那麼做是出於愛，但若妻子知道丈夫是為了自己而犯罪，應該會很痛苦。所以我反對」像這樣能夠明辨得失、法律及社會規範，並以「個人信念與良心」做出判斷，才是成熟的道德。

以上是柯爾柏格的理論，但實際上還是有人質疑「所以個人信念可以完全相信嗎？」在此，吉利根*2這位心理學家提出了更進一步的道德論——「關懷倫理學」，想要找到能使漢斯夫妻及藥局老闆等所有人都能幸福快樂的方法，這是比「個人信念」更進一級的道德觀，也就是「關懷倫理」。例如「若能治好妻子的病，拚命工作，支付更多金錢」「告訴老闆願意到藥局幫忙」等。

的確，孩子在嬰幼兒期會追隨著自己的本能慾望而行動，但若身邊的大人能教導社會規範，去了解別人的想法，孩子可以改變自己的言行。更甚的是，若孩子能覺察風險的存在，卻仍能依個人信念而行動，可以說他們的心理較為成熟。

可是，實際上，這樣仍會產生許多問題。在生活中，即使不存在漢斯那樣極端的事例，自己的目標與相關想法也可能會出現差異，「這邊站得住腳，那邊就站不住腳」像是這樣的情況所見多有。在這種時候，不妨轉換一下角度，建議可以試著想看看「這樣的選擇會不會帶給別人莫大的不幸？」「是否還有其他能讓大家都獲得幸福的方法？」我們要選擇的是「這也行那也行」的方法，而非「是這個？還是那個？」的方法。即便如此，若還是發生找不到讓所有人都能獲得幸福的方法，至少也不要帶給某人致命的傷害，兼顧之下，選擇能讓自己獲得幸福的方法，才可謂真正成熟的大人。

*註1：柯爾伯格，全名為勞倫斯、柯爾伯格（Lawrence Kohlberg，一九二七—一九八七年）。美國心理學家，以道德發展階段理論而著名。

*註2：吉利根，全名為卡羅爾、吉利根（Carol Gilligan，一九三六年－），美國女權主義者、倫理學家和心理學家。

## 男孩為什麼特別喜歡媽媽
### 「戀母情結」與親子關係

我們經常會聽到有人說：「男生都最喜歡媽媽！」對父母來說，有個兒子是很令人開心沒錯，但長大成人後卻還黏著媽媽的男性，則會戲稱為「媽寶」，讓女性敬而遠之。

話說回來，為什麼男孩會特別喜歡媽媽呢？心理學家佛洛伊德指出，這是因為其中有著「男孩都愛著媽媽，討厭爸爸」的男性深層心理，這樣的心理來自於希臘神話伊底帕斯的故事，佛洛伊德並將之命名為「伊底帕斯情結」（戀母情結），故事如下：

古希臘有一個名為底比斯的國家，底比斯國王——拉伊俄斯，從某位預言家那兒聽到了一個預言：「你會被自己的孩子殺死。」震驚不已的國王，下定決心絕不生孩子，可是一個夜裡，他因為喝醉了而與王妃伊俄卡斯忒結合，生下了一個兒子。

拉伊俄斯王很想殺死嬰兒，卻怎麼都下不了手。因此，他下令刺穿嬰兒的雙足，丟給牧羊人養。可是，由於牧羊人很可憐這嬰兒，於是把嬰兒交託給鄰國科林斯的國王。於是，雙腳腫脹的嬰兒就被命名為「伊底帕斯（雙腳腫脹）」，終於健康茁壯地長大了。

長大成人的伊底帕斯，聽聞了某個預言。預言說：「你會殺死自己的父親並和自己的母親結合。」伊底帕斯以為科林斯國王就是自己的親生父母，他為了不讓預言實現，便離開故鄉，前往他國。旅途中，伊底帕斯在一個狹窄的山道上與一名老人乘坐的馬車發生了衝突，並受到對方攻擊，於是他為了求生，把老人連同整輛馬車推落了山崖。

後來，伊底帕斯來到了底比斯這個國家，成功擊退了騷擾百姓的魔物——斯芬克斯，成為英雄，受到盛大的歡迎，伊底帕斯便和王妃結婚，過著幸福的生活，可是底比斯國卻相繼出現災難，讓他煩惱不已。頭疼的伊底帕斯招來了預言者，詢問原因，結果竟是：「因為殺死前任國王拉伊俄斯王的人，就在底比斯。」伊底帕斯繼續追問下去，終於得知，原來此前的預言竟已成真。也就是說，他從山崖推落的人就是他真正的父親，而他所娶的妻子則是他的母親。王妃伊俄卡斯忒知道這件事，立刻自殺身亡，而伊底帕斯則刺瞎自己的雙眼，走上自我放逐之路……。

雖然這件事不是出於伊底帕斯本人自願，但也可見，弒父與亂倫是多麼的極端。可是佛洛伊德卻說，誠如這則故事所象徵的，在兒童發展的階段，會有「討厭同性雙親，愛戀異性雙親」的情況，在女兒與母親間也有同樣的情形。

依據佛洛伊德的說法，三～六歲的男孩會想獨占母親，所以會希望父親不存在。但是，由於自己太弱小，無法勝過強大的父親，所以所謂的「伊底帕斯情結」可說是在無意識中所產生的糾結。最終，男孩將會放棄獨占母親，而把注意力轉向其他女性，同時他們並將自己與父親連結成為一體，解除了這樣的情感。男孩剛開始會將強大父親的模樣當作對手而敵視，接著會將之視為理想中的形象，而作為自己成長的糧食，最後成為能夠獨當一面的大人而獨立。

但是，根據每個人所處的環境，有些人無法順利解除這種情結。在夫妻關係不好、經常聽到母親抱怨父親、父親存在感很薄弱的家庭中，母親與兒子間的羈絆會增強。即便到了學齡階段，兒子心中仍殘留有伊底帕斯情結。更甚的是，若是母親不希望兒子離開自己，而無意識地壓抑了兒子的獨立心，母子會發展成為一體化，媽寶便由此誕生。在極端的情況下，將會成為孩子長大成人後出現各種問題的主要原因。

日本男性多有媽寶的傾向。在家族形式多樣化的現代，男女所需肩負的責任無法簡單劃清，但這或許可以作為一個例子，用以顯示父母與孩子的親子關係，會對孩子在獨立上有很大的影響。

## 如何善用電視？

## 電視與憤怒情緒的關係

近年來，無法控制自我感情的「憤怒」兒童，已造成許多社會問題，為什麼這些孩子這麼容易就生氣呢？幼兒因為語言尚未發展成熟，無法運用語言說明自己的心情和想法，所以會以行為來表示（↓P110），但這通常都只是暫時性的。有一種說法是，家庭教育過於嚴格，會壓抑孩子，孩子累積不少未能滿足的慾望，就會因為一點小事導致情感潰堤。可是，這樣的說法似乎無法包括所有的案例。

在各學術領域都有研究孩子的攻擊行為，在此我們可以思考一下關於電視以及身邊大人的行為，會對孩子所產生的影響。加拿大心理學家班度拉*提倡社會學習理論（觀察），認為孩子看到攻擊性的行為，便會模倣同樣的行為。

在實驗中，首先將孩子分成兩組，讓他們分別進入不同的房間。然後讓其中一組孩子看大人粗暴對待玩偶的樣子，讓另一組兒童看大人像平常一樣玩玩偶的樣子，接著依序拍攝孩子的模樣。結果，看到大人粗暴對待玩偶的孩子，明顯比另一組出現較多的攻擊性行為。也就是說，從實驗可以得知，孩子會觀察人們的行為，並自發性地模仿。更甚的是，他們會模仿的對象不僅限於實際看見的行為，也可能會透過電影、電視、漫畫等媒體，模倣所看到的攻擊行為。

那麼，為了讓孩子避免電視的不良影響，是不是只要避開有攻擊性畫面的節目，選擇適合孩子觀賞的節目就沒問題了？其實在對日本中小學生所做的調查中，出現了一項令人非常在意的結果，亦即看電視時間較長的孩子，會出現較多具有攻擊性的孩子。

但這並不表示「電視不好」，依據不同的利用方式，看電視也能帶給孩子好的影響。某項研究發現，若媽媽和孩子一起觀看兒童節目時，對孩子說：「電視裡的人在吃胡蘿蔔呢～」像在這一類親子一起開心看電視的家庭，看電視對孩子的語言發展則有好的影響。日本幼兒科學會因此提出看電視的建議，像是「不要讓兩歲以下幼兒長時間看電視」「不要讓嬰幼兒一個人看電視」「不要在餵奶或孩子吃飯時看電視」等。不論是電視還是網路影片，內容、觀看方式及觀看的時間長短，都會有不同的影響。

班度拉的實驗指出，孩子看到暴力鏡頭，會隨之模仿，但他另外表示，即使孩子會模仿那些攻擊行為，實際上的攻擊強度不見得很大。對孩子本身來說，其行為結果是否能滿足他自己，仍需取決於其他因素。例如孩子因為行使暴力，結果招受責罵，和朋友、親子關係如何變化，是比較有重要影響的。尤其是在社會性方面的發展，必須實際與人交往。若孩子長時間都在看電視，將不會有足夠的時間體驗親子交流朋友交往，活動身體、玩遊戲等重要經驗，將成為一大問題。

正在育兒的家庭，生活繁忙，因此多少會給孩子看電視或影片。這並非絕對的「不好」，不妨訂定規則，決定看電視的方式。除了電視以外，也要注意網路或手機APP影片。

*註：班度拉，全名為亞伯特、班度拉（Albert Bandura，一九二五年—）是一位加拿大的著名心理學家。

## 親子溝通的矛盾之處
## 影響孩子心理的「雙重束縛」

請想像以下的景象。

假設有位媽媽總是嘮嘮叨叨地對孩子說：「快去讀書！」可是有天她卻笑臉盈盈地改口道：「你今天可以隨便做自己想要的事喔。」當孩子開始做自己喜歡的事情，媽媽突然說：「喔～你怎麼不好好念書呢？」而若是孩子開始讀書，媽媽又說：「我不是說你可以隨便做自己想要的事嗎？」孩子會因為不知道該怎麼辦而左右為難。

這樣矛盾的溝通，叫做「雙束（雙重束縛）」，會造成混亂，對別人的想法產生束縛。對人們來說，若是有人一度給予自己相反的訊息，我們就會搞不清楚對方真正的意思，而在意得不得了。若是持續處在這樣的雙重束縛狀況下，會累積大量的壓力。尤其是對孩子來說，若是像媽媽這麼重要的人持續這種態度，孩子會對自己的判斷失去信心，變得隨時要窺探媽媽的臉色，不知道自己應該做什麼。

雙重束縛最明顯的，是家暴丈夫與妻子間的關係。也許我們會覺得很奇怪，為什麼做妻子的不會逃避行使暴力的丈夫呢？那是因為妻子受到丈夫的雙重束縛，支配了心理。家暴的丈夫大多會在家暴後，態度幡然轉變，一改暴力的態度。因為丈夫出現兩種相反的態度，妻子會被迫時時觀察丈夫的臉色，最後變得失去自己的思考能力。順帶一提，要從這樣的關係中獲得解脫，必需完全與對方切斷聯繫。

這是屬於極端的例子，但我們身邊仍有類似的雙重束縛。

**●媽媽嘴裡宣稱「媽媽最喜歡你了，乖乖待在媽媽身邊喔」，當孩子靠近，卻擺出拒絕的態度：「不要一直黏著我，到旁邊去玩。」**

媽媽的態度沒有一貫性，而是完全相反。若媽媽總是態度冷淡，孩子最後會放棄（會造成其他問題）。大人的態度變來變去，會使孩子感到混亂，不知所措。

**●媽媽對孩子說「我最喜歡你」，但臉上卻一點笑容都沒有。**

在與人說話時，我們會有誤解，以為語言可以充分表達自己的心意，但其實表情、行為以及語氣等加總在一起，才能完全傳達自己的心意。若媽媽說話和表情不一致，孩子仍會不知道媽媽真正的心意而感到混亂。這可能是大人不自覺的行為，請試著回想從前是否有這種狀況。

有的雙重束縛會像前面所說的，對當事人造成傷害，但也有「正面的雙重束縛」。亦即藉由雙重束縛，讓對方不論怎麼選都會選擇你所想要的結果。例如若是孩子不喜歡換衣服，我們可以提出兩個選擇給孩子：「你要穿小熊襯衫還是小花襯衫？」只要提供選項，孩子就會選擇，不論孩子選擇哪一種，換衣服的目的都已達成。給予孩子選項，孩子會覺得自己的決定是受到大人認可的，因而能夠獲得自信。「正面的雙重束縛」可促使孩子養成獨立自主的能力。

## 建立堅實的親子關係

### 負面的「依附障礙」

如前所述，嬰幼兒首先會與媽媽（或特定照顧者）建立依附關係。若親子能形成穩定的依附關係，孩子會把父母當作心理的安全基地，進而向外展現對世界的興趣。孩子會以「受到父母認同」的自信為基礎，打從心底信任所有的人，覺得他們是「可信任的存在」。這麼一來，可以使孩子產生良好溝通力，發展自我主張與自制等能力，這些能力對社會化來說非常重要。可見，依附關係，對於形成未來人格有著重要的影響。

那麼，依附關係對所有人來說，都是這麼有用的嗎？其實依附也有「質」的不同，有些狀況無法成為安全基地。我們可以運用以下的依附「品質」實驗，試著思考依附關係對於孩子的影響。

在依附實驗中甚為著名的是「陌生情境」，實驗對象為一歲～一歲半的幼兒。實驗中設置了一個會讓幼兒感到一定緊張程度的環境，實驗方式是讓親子一起進入放有玩具的實驗室中，接著陌生人進來、親人（媽媽）離開、陌生人引起孩子的注意、親人（媽媽）回來。觀察孩子的狀況。可以分類為以下三種情況：

### ●安定型

媽媽離開時，幼兒會哭，但再見到媽媽，則會開心地主動去抱媽媽。這種孩子雖會感到不安，但媽媽加以安慰就會感到安心，會再度放心玩耍。這類型孩子的依附關係很穩定，媽媽是孩子的安全基地。

### ●迴避型

媽媽離開時，孩子幾乎不會哭，再見到媽媽時，孩子會出現移開目光等閃避行為，也不會主動去抱媽媽。孩子所採取的行動，是因為不知道是否會遭到媽媽的拒絕，因此媽媽並沒有成為孩子的安全基地。

### ●矛盾型

孩子極度討厭媽媽離開，再看見媽媽時，孩子會出現拍打媽媽的行為，並不會展現開心等情緒，反而是表現憤怒。孩子對媽媽感到不安，媽媽無法成為孩子的安全基地，孩子也無法離開媽媽獨自玩耍。

這三種依附類型，可以從父母與孩子相處的方式看見。安定型孩子的媽媽，在孩子要求抱抱的時候，會接受孩子的要求，適度給予回應。相對地，迴避型以及矛盾型的媽媽所表現的對應方式，則是無視孩子的需求，推開孩子，沒有留意到孩子的需求等。

進入幼兒時期，迴避型的孩子在面對同伴時，會採取攻擊性態度，傾向於無法融入團體。矛盾型的孩子對人有不安感，無法提出自己的意見，容易被動接受，因此經常被忽視或是被霸凌。等到孩子長大成人，則無法建立長久的人際關係，容易出現人際關係的問題。

為什麼依附的「質」對一個人會有這麼長遠的影響？這是因為在嬰幼兒時期，若是對父母有「無法信任」、「自己沒有得到認同」等感受，會產生不信任感或是缺乏自信，在心底深處扎根，即便日後長大成人，這些情感會繼續進入所有的人際關係。

話雖如此，但每個人長大以後仍然有機會修正這樣的情況。得到他人認同，依附可以再度形成。特別是年齡愈低，可能性就愈高。

親子關係的重要性，日益浮上檯面，為了讓穩定的依附成形，父母本身必須具有某種程度的從容態度。若是父母過於忙碌、過勞、累積過多壓力等狀態，會影響到父母應對孩子的態度。若家庭正處在育兒期，請注意「這是形成依附關係的重要時期」要求家人或親友一起合作，另一方面，也必須調整生活的優先順序，以孩子為主。此外，與孩子建立依附關係的，不僅限於媽媽，還包括爸爸等平常會和孩子有親密接觸的大人。因此希望家人可以一起同心協力，打造一個讓孩子安心生活的環境。

# 結語

感謝各位閱讀《教養，從讀懂孩子的心開始》這本書。

兒童的心理與春天*很像，轉瞬間就變了心情，出現讓人意想不到的行為，這些都是兒童行為的特徵。但是，受到孩子這些行為所影響的父母，以及幼稚園、托兒所的老師們來說，與兒童的接觸應對，便成了很重要的問題。

孩子容易情緒化，容易生氣，因此大人往往不知該如何照顧他們，這本書若能給予所有讀者一些幫助，便是我最感榮幸的事。

育兒常識會隨著時代瞬息萬變，專家意見也經常各有分歧。醫生、電視、親朋好友、學校老師等人，會各自提出他們認為正確的建議，因此父母難免感到混亂。哪種方法才是正確的？沒人知道會有什麼結果。事實上，各位讀者們，你們的父母、爺爺奶奶等所有人，也都是在摸索中養兒育女。

孩子的外表雖然看不出來，但他們其實對大人的反應非常敏感。大人們一旦感到焦慮不安，孩子都會立刻感受到。

因此，若是為了追求所謂正確的育兒法，而失去了從容的態度，那就是本末倒置了。各位讀者們，請為孩子提供一個安全而穩定的生活環境！

*註：春天天氣捉摸不定，經常變來變去，用來形容兒童的心理轉瞬即變。

NOTE

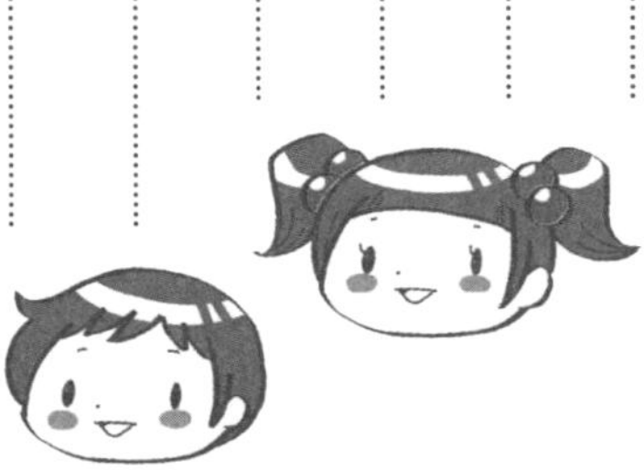

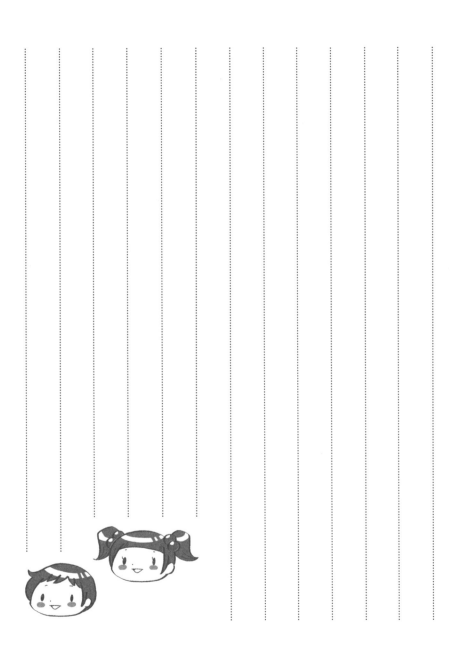

國家圖書館出版品預行編目資料

教養,從讀懂孩子的心開始：爸媽的必修課,解讀嬰幼兒行為密碼/ ゆうき ゆう著；楊鈺儀譯. -- 初版. -- 新北市：世茂, 2017.05
面；　公分. -- (婦幼館；161)
ISBN 978-986-94562-4-1(平裝)

1. 育兒　2. 發展心理學　3. 親職教育

428.8　　106005028

婦幼館161

# 教養，從讀懂孩子的心開始：爸媽的必修課，解讀嬰幼兒行為密碼

作　　者／ゆうき ゆう（Yuuki Yuu）
譯　　者／楊鈺儀
主　　編／簡玉芬
責任編輯／陳文君
封面設計／鄧宜琨
出 版 者／世茂出版有限公司
地　　址／(231)新北市新店區民生路19號5樓
電　　話／(02)2218-3277
傳　　真／(02)2218-3239（訂書專線）、(02)2218-7539
劃撥帳號／19911841
戶　　名／世茂出版有限公司
世茂網站／www.coolbooks.com.tw
排版製版／辰皓國際出版製作有限公司
印　　刷／祥新印刷股份有限公司
初版一刷／2017年5月

ＩＳＢＮ／978-986-94562-4-1
定　　價／260元